图书在版编目（CIP）数据

时尚视觉盛宴．婚纱插画 / 彭晶编著．— 沈阳：
辽宁科学技术出版社，2018.7（2021.2 重印）
ISBN 978-7-5591-0731-2

Ⅰ．①时… Ⅱ．①彭… Ⅲ．①服装—绘画技法 Ⅳ．
① TS941.28

中国版本图书馆 CIP 数据核字（2018）第 093637 号

出版发行：辽宁科学技术出版社
　　　　　（地址：沈阳市和平区十一纬路 25 号 邮编：110003）
印 刷 者：辽宁新华印务有限公司
经 销 者：各地新华书店
幅面尺寸：170mm×240mm
印　　张：14.5
插　　页：4
字　　数：200 千字
出版时间：2018 年 7 月第 1 版
印刷时间：2021 年 2 月第 4 次印刷
责任编辑：王丽颖
封面设计：关木子
版式设计：关木子
责任校对：周　文

书　　号：ISBN 978-7-5591-0731-2
定　　价：98.00 元

联系电话：024-23284360
邮购热线：024-23284502
http://www.lnkj.com.cn

FASHION ILLUSTRATION

wedding dress inspiration

时尚视觉盛宴

—— 婚纱插画

彭晶 编著

辽宁科学技术出版社

·沈阳·

Contents 目录

序言

与彭晶结缘起因于一次时尚杂志拍摄时我对一件红色礼服的一见钟情。当时正值我婚礼的筹备期，我希望我的婚纱是只专属于我自己的独特。在了解了多位国内外的设计师后我决定先见令我一见钟情的那件红色礼服的设计师彭晶，与她见面当天我们之间就产生了化学作用。我记得当时我们聊想法的时候，我们一边聊天她一边就在画设计稿，将我脑海中片段性的想法在她的速写本上逐渐勾勒出来，半个小时就将我婚纱的初稿设计出来，这让我感到非常神奇，也让我领略了设计的魅力，当下我就决定不再见其他设计师了。这是我们的缘分，但更多的是彭晶的才华、设计理念、内心对这项工作的热情和喜爱打动了我。我相信拥有这样品质的人一定能设计出好的作品。当然她没有辜负我对她的期望，当时婚纱的小型模板和设计稿，如今都已成为我家艺术小展台的一部分。

我曾许多次登上过世界比赛的领奖台，但作为模特登上 T 台走秀只有一次，就是彭晶的个人作品发布会。那次走秀非常成功，在国内外反响极大，我很替彭晶感到高兴。因为我知道没有谁能够

刘璇

中国女子体操队前任队长，悉尼奥运会女子体操平衡木冠军，世界杯体操总决赛女子平衡木冠军。主持人，曾参演多部影视作品，获得最受欢迎女演员铜奖。2016 年创建了自己的女性服饰品牌。

随随便便成功，如同我了解自己在训练场一遍又一遍地重复着单调枯燥的训练一样，我记不清自己翻了多少跟头，我相信彭晶在画室一笔又一笔地画着，连她自己也数不清她画了多少张画稿。我们虽然在各自的领域奋斗，但是大道至简殊途同归，上天总是垂青那些更努力的人。现在，我非常高兴她能把自己多年的画稿整理成册进行出版，每一幅作品都是那么漂亮，她笔下的模特具有东方女性的精致美，每件衣服都栩栩如生。我相信，彭晶的这册书将为众多婚纱设计从业者带来灵感的启发，也会为广大的爱好者们带来美的享受。小小彭是我对彭晶的昵称，希望她无论何时都带着孩子般的初心在她喜爱的领域继续前进。也希望她将这份初心的美好传递给大家。

刘 璇

前言

以梦为马，不负韶华

婚纱礼服源自于欧洲，由其打造的女性形象滥觞于皇室并逐渐流转于寻常人家，它不仅展示了女性的需求和美，更综合体现了一种礼仪、艺术、美学和历史文化的气息。历史上不乏经典人物通过身着礼服的画像来呈现她们那个时代的形象，人们可以由此一窥她们所属时代的经济文化背景甚至生命的故事。正因如此，幼时的我心中就拥有了一个梦想：做一名婚纱礼服设计师。

彭晶

中国十佳时装设计师，中国服装设计师协会时装艺术委员会委员，中国商业经济学会时尚与高级定制分会副会长，清华"巾帼圆梦"中国女性创业管理班学员，"深白"婚纱定制品牌创始人。

1999 年，我跟随现任教于中央美术学院的宫妮老师学习服装设计课程，由于受到老师在美学和设计哲学上的启蒙，引发了我对服装设计更深厚的兴趣。当时能看到的大师作品极为有限，时尚刊物更是屈指可数，《世界时装之苑》应该算是我们接触到的最早的时尚类服装杂志之一。2001 年，我以专业前茅的成绩进入中国早期的五大纺织院校之一———天津纺织工学院（后更名为天津工业大学）正式学习服装设计。在校期间，我研读了国内外大量时装艺术书籍，当时对陈闻老师的《服装设计表达：时装画艺术》印象深刻，他的书是国内较早的专业书籍，是改革开放以来我们自己的时尚探索先锋。与此同时，通过艺术史的学习和作品欣赏，

让我对欧洲油画中人物的服装更为关注，尤其是对女性细节的描绘和服饰细节的勾勒常常令我感动，这些感动使得我系统地了解了不同历史背景下服装之于人物形象塑造的重要性。之后我通过专业书店广为购置更丰富的服装设计类书籍，这些书，成了我神游婚纱礼服世界的主要途径。

为了让自己更近距离地融入婚纱礼服这个行业，大学毕业前我就开始寻找兼职的机会，后有幸就职于中国第一代十佳时装设计师、现任中国美术学院服装学院院长的吴海燕老师在北京开设的服装工作室。2006 年 9 月，由于自己婚礼的契机，我更加深入了解了婚纱礼服设计定制行业，并在先生的支持下开始了我的创业生涯。

基于多年的美术功底和专业训练，我的作品特别关注服装的结构和造型上的设计，尤其是在产品的初期沟通和后期把控上。在与我的客户沟通过程中，速写设计是我必不可少的工作。设计一件衣服或者一个系列的衣服，除翻阅资料寻找素材之外，随手绘制大量设计稿，是我的工作常态。我常常想，客户不清楚、不明白的地方，我要通过简洁的勾勒、调整和讲解，让客户了解整个设计方案，这比让客户从众多参考图片中自行想象最终产品要直接有效得多。多画几个稿子，让客户知道设计思路和最后的效果，也能减少手工艺人员后期的工作量，不辜负这些传统手工艺匠人的心血，使他们的能量更能有的放矢。而婚纱礼服终究是一件三维立体的产品，如何让客户看懂设计图呢？借助电脑和绘图软件，很快就能让她们预见到成品礼服的色泽和效果。对我而言，这也是一种享受。因为产品需要我们这样的设计师把它描绘出来，突出它最珍贵的地方呈现给客户。而每每画完一件代表了一个人一生中美好回忆的婚纱或礼服设计作品时，客户往往会对我们回报以感谢和尊重，对我来说这就是设计工作的至高享受，也正是如此，才激励着我专注投入地做了十余年销售型设计师。这样的享受使我意识到，我仿佛就是为婚纱礼服而生的。

2016 年，我开始了手绘方向的设计教学实践与探索，此书正是我在教学过程中不断积累的成果。该书包含的内容有：婚纱设计概况、婚纱插画绘制基础知识、婚纱不同面料的绘制方法、婚纱礼服插画绘制步骤分解教程、经典婚纱插画作品细节分析以及大量的精美插画案例，包括婚纱、礼服、中式婚服、配饰等。大部分的插画作品是采用最常用的综合手绘设计方法，即手绘加电脑后期处理，也是当代年轻设计师借助专业软件完成系列作品的重要手段。总之，这是一组以当下 80 后设计师观点所著的有关中国婚纱礼服设计及插画绘制的专业用书。

本书是我多年来一线工作经验的总结，是个人婚纱插画绘制方法分析及研究心得的分享，是我对婚纱礼服设计艺术化和商业化结合的理解，也是我个人对中国婚纱礼服设计从业人员及婚纱礼服设计爱好者的一份献礼，希望读者以此开启你的梦想之窗，愿我们都能够举目前行，不负韶华。

彭 晶

2018 年岁首

第一章
婚纱设计概况

一、动人心弦的婚纱是如何产生的

一件美丽婚纱的诞生，需要经历产品设计、面料甄选、制版裁剪、工艺制作和装饰设计五个阶段。首要的产品设计阶段还可以按照用时长短细分为速写设计图和产品图，而婚纱插画则是在婚纱完成以后对产品实物或照片的描绘。

1. 产品设计

婚纱礼服是一个非常有特点的设计门类，首先你要明确知道这件作品是什么样子的。这个信息来源于定制客户的要求，或是新品开发的市场需求。你可以浏览资料，可以查找图片，如今已不是闭门造车的时代了，你必须了解和翻阅大量的信息资料，反复斟酌，选取客户需要的细节，然后进行重组和搭配。抓住闪现于脑海的灵感，然后用最快的速度，使其在笔下呈现，一般耗时在 10 分钟左右，这就是基本的草图设计阶段，也就是速写设计图。如图 1.1.1

速写设计图能简洁明了、快速有效地表明产品的基本形态。绘画时间短，看起来寥寥数笔，却是由设计师多年的阅历提炼而来。很多知名品牌的设计大师就是这样，虽然速写设计图看起来很潦草，画的也很有限，但是由于他们有着丰富的产品经验和天马行空的设计想法，最终的设计作品也会打动人心。将速写设计图给客户看过，确定自己的设计是否合乎新娘的要求，一点点地去完善它，这个完善的过程非常重要，涉及具体的设计细节。这一步完成以后，就可以开始绘制产品图。如图 1.1.2

产品图相对来说更加完美、精致，一般耗时在 60 分钟以内。由于前期的草图、完善阶段已经基本确定了婚纱的样子，这个时候画起来就会得心应手，不需要反复修改，自然水到渠成。但是设计不到最后完成，都无法停止对它的改进，因为在实际制作中可能会有一万个理由需要进行修改。人体数据不像盖房子一样是固定的，它是有弹性变化的，所以做好修改的心理准备，而修改量的多少就取决于设计师日积月累的经验了。

所以，有些人认为会画画就可以做一名设计师是比较初级的想法。会画画，而且画的很美，是非常有益于设计师职业生涯发展的。因为懂得美，自然会在实际操作过程中以美的标准来严格要求。但作为设计师而言，仅仅会画画还不够，还需要接触产品，了解产品特征和它本身需要传达的信息，因此时装设计师和时装插画师这两个职业虽然看上去相似，但实际上还是存在差异的。

图 1.1.1 速写设计图

图 1.1.2 产品图

2. 面料甄选

婚纱设计图完成之后，非常重要的一点就是选择面料。设计师必须熟知每种面料的特点，应该用在哪里、怎么用。纯粹画插画的同学对这些问题很是疑惑，建议可以多去触摸不同面料的质感，以及观察不同面料做出的产品的效果，久而久之，就能在第一时间辨别出产品用的是什么材质的面料。如图 1.1.3 ～图 1.1.8

需要精心甄选的不光是面料，还有里料、辅料，像拉链和鱼骨等材料。辅料可选择的空间很大，价格也有所差别。当然价格并不是最重要的依据，适合才是最高标准。比如昂贵的真丝素缎，就不适合制造轻盈飘逸的蓬裙，而网纱也不适合做有廓形的设计。设计很有趣的一点就是，你不仅可以画图，还能用这些有意义的材料来组合，创造出美好的作品。

1.1.3 亮光缎

1.1.4 欧根纱

1.1.5 软网　　　　　　　　　　　　　　1.1.6 网纱

1.1.7 亚光缎　　　　　　　　　　　　　1.1.8 真丝雪纺

图 1.1.3 ～图 1.1.8 婚纱常见面料

3. 制版裁剪

制版部分是很讲究的，专业制版分为平面制版和立体裁剪两种。平面制版，讲究的是在数字的推理上将产品的原型在平面上绘画出线条来进行裁剪。如图1.1.9

立体裁剪则让人感觉很高贵。欧洲人很早就开始将理论结合实际，在人体的实际尺寸上进行裁缝，立体裁剪相对来说更加耗时耗力，但是的确最合乎人体的体形。如果是更具钻研精神的版师，会将二者结合应用，既省时间，又能够将产品的廓形做到最完美的效果。如图1.1.10

版师是非常专业的一个职业，是设计师合作的铁杆搭档，设计师要给予版师正确的引导和视觉上的提升。两者工作性质不同，设计师拥有天马行空的设计思想，而版师是数字演变的具体实现者，二者完美的配合可以让婚纱变得活力四射。

4. 工艺制作

制作婚纱的工艺师必须非常清楚设计师和制版师对品质的要求，每个部分的处理手法最终都在她们的手上一一呈现，每一条车缝、走线、绲边，稍有分毫差池，都会让整件服装的完成效果大打折扣，特别是在制作晚礼服和旗袍的时候。优秀的工艺师就如同珍宝，没有经过十年光阴的苦练根本不能领悟其中的线条美，就好像传统绣娘需要长期的培养与练习。如图1.1.11

5. 装饰设计

装饰设计在婚纱礼服设计中就好像是中国画里画龙点睛的部分，因为产品甫一完成时就仿若刚刚完成了底妆的少女，如果是轻薄透亮的底妆，装饰设计上也要选用轻盈通透的装饰，比如珍珠、水晶、亮片等具有通透质感的装饰材料。如果是华丽浓重的底妆，这类产品应该是属于奢华高贵的重量级婚纱或礼服，可想而知选用的装饰就应该能够凸显出它的华丽感，比如施华洛世奇水钻、切面特别多的水晶、高度反光的亮片等。相反的，如果此时选择通透的装饰材料，虽然花了大量时间缝制，从视觉上却无法达到设计师想要的绚丽效果。如图1.1.12

图 1.1.9 平面制版

图 1.1.11 工艺制作阶段

图 1.1.10 立体裁剪

图 1.1.12 装饰设计对婚纱礼服的重要性

二、国际婚纱设计流行趋势

什么是流行趋势？流行趋势就好像是一个个有着时尚影响的源头，相互交织着和其有关的个体，彼此之间产生了巨大的影响，热爱时尚的人们受这些主流影响而产生的社会效应就是流行趋势。

如图 1.2.1，对图片进行解读，可以看到这几个角色言辞谈笑间就决定了一年的流行趋势。那么这几个角色又是谁呢？你可以把他们想象成精彩的时装展，也可以把他们想象成不同的时尚媒体，又或者是最顶尖的时尚品牌。归根结底，他们有着举足轻重的时尚影响力。如此就能理解流行趋势如何开始，又如何终结。

因此，关注和学习各大时装周的品牌发布也就成了婚纱设计师学习、了解每年流行趋势的一个重要渠道。这些重要的时装周分别为纽约时装周、伦敦时装周、巴黎时装周、米兰时装周和巴塞罗那婚纱时尚周。前四者通常被称为四大时装周，每年举办一届，分为春夏时装周（9、10 月）和秋冬时装周（2、3 月）两个部分，每次在大约一个月的时间内相继举办 300 余场时装发布会。具体时间不一定，但都在这个时段内发布。巴塞罗那婚纱时尚周则在每年的 4 月底 5 月初举行。

·巴黎时装周

法国巴黎被誉为"世界时装之都"，国际上公认的顶级服装品牌设计和行销总部大部分都设在巴黎。从这里发出的时尚信息是国际流行趋势的风向标，不但引导法国纺织服装产业走向，而且引领国际时装的风潮。

·纽约时装周

每年在纽约举办的国际时装周，在时尚界拥有着至高无上的地位。名设计师、名牌、名模、名星和各种华服共同交织出一场奢华的时尚盛会。很多婚纱品牌会借此机会发布自己的设计，较为知名的如华裔设计师王微微。

·伦敦时装周

全球四大时装展之一的伦敦时装周在名气上虽然不及巴黎和纽约的时装周，但它却以另类的服装设计概念和奇异的展出形式而闻名。一些"奇装异服"以别出心裁的方式呈现出来，带给观众无限的惊喜。

·米兰时装周

米兰是意大利一座有着悠久历史的文化名城，曾经是意大利最大的城市，也是声名享誉全球的世界时装中心之一。意大利是老牌的服装生产大国和强国，以其完美精巧的设计和技术高超的制作工艺闻名于世，特别是意大利生产的顶级男女时装品牌以及皮装、皮鞋、皮包等皮革制品在世界时尚业中占有重要地位。

·巴塞罗那婚纱时尚周

西班牙以阳光、大海和沙滩而闻名世界，同时它也是继中国之后的世界第二大婚纱出口国，巴塞罗那是物色最新婚纱设计的最佳去处。这里不仅有一年一度的婚纱时尚周，还是天才婚纱设计师的大本营。巴塞罗那对西班牙乃至全球婚纱行业的影响深刻，在为期三天的T台走秀和随后的展销会中，西班牙的顶级婚纱品牌和其他国际时尚品牌将向全世界的媒体和顶级买家展示最新的婚纱设计。许多人不远万里来到这里，只为一睹当年的婚礼庆典上吹的是怎样一股时尚风。

但是无论流行趋势如何变化，设计师也必须要结合当下的市场和需求来综合考虑设计，而不能因为流行趋势而顾此失彼。拥有独立的创新设计思维方式，才是当下年轻设计师的发展方向。

同意

不，去年流行过
今年流行一下数字吧

今年流行条纹吧

图 1.2.1 流行趋势的产生

三、插画设计之于婚纱定制的意义

1. 插画艺术留念，为婚纱设计增值

婚纱完成之后，通常需要拍照确认，此时就可以根据这个照片来绘制产品的插画了。服装插画师不需要画出工艺等制作相关的内容，但是必须完美地体现婚纱产品的细节和重点。最初，人们是用画像的方式来描绘当时的美人华服。后来伴随摄像技术的诞生，人们也就不太注重绘画了。现在由于艺术审美风潮的复兴，绘画艺术又成了一个热点，所以婚纱礼服插画设计也渐渐火热起来。

有了艺术形式的婚纱插画，将其包装好后赠予定制客户非常有纪念意义。它从一件普通的产品上升成为一件艺术品，挂在墙壁上，或者摆在桌子上，回忆起温暖的那一天，它所承载的意义是非凡的。如图 1.3.1

2. 用艺术表达的形式与定制用户沟通

婚纱定制中最初需要的就是速写设计图，它是表达和沟通的一种方法。无论是脑海中的灵感还是尊贵的客户都无法等你 1 个小时甚至几个小时，所以你必须在短时间内将对婚纱的设计想法描绘出来。用几分钟的时间让轮廓清晰自然地呈现在客户面前，这样的沟通轻松自然，欧洲很多优秀的设计师都是这样操作的。如图 1.3.2

3. 用于产品广告与设计高度的推广

婚纱设计师在设计完成时会为产品增添更多的细节，品牌设计师可以亲自或请专业的插画师来呈现婚纱的美感，这样的插画一般耗时 180 分钟以上，如果细节特别多，可能会花费更多的时间来作为艺术作品呈现。如图 1.3.3

从产品到艺术品，这种美感的体现和传播可以说是自古传承，中国古代顾恺之的《洛神赋图》，西方文艺复兴时代的《美惠三女神》《维纳斯的诞生》，无一不是描绘美人美妇，这些美的艺术品有着广泛的传播力度，将本身具有意义的人物和产品变得更加具有商业价值，这种价值是艺术的创造力价值。

图 1.3.1 装裱婚纱插画为客户留念

图 1.3.2 速写设计图方便直观的展示沟通

图 1.3.3 具有宣传推广作用的婚纱插画

10 分钟速写设计图

60 分钟产品图

第二章
婚纱插画绘制基础知识

一、工具材料

绘画工具特别多的时候反而容易让人思绪混乱，所以用一支铅笔、一块橡皮、两支针管笔、三支马克笔作为常用基本绘画工具也就足够了。手绘插画时会用到彩色铅笔、水彩颜料以及水彩勾线笔。计算机绘图时可以使用手机拍图，或者用扫描仪采集录入草稿，使用数位板、压感笔、ipad 或者苹果电脑进行简单着色，效果非常好，而且灵活性特别强。如图 2.1.1

二、人体比例

完美的人体本身就是一件艺术品，首先应该观察和了解人体的比例结构，才能产生好的设计。经过多年工作的打磨、实验，逐步总结出适合绘画婚纱礼服的九头身模特身体比例图。与其他八头身比例有所不同，九头身的比例更适合表现婚纱礼服这种长款或者大拖尾的设计效果，让画面看起来更加震撼。你可以参照这个比例图来进行绘画，也可以使用专业的设计师作业本直接绘画。如图 2.2.1

图 2.1.1 插画绘制所需工具材料

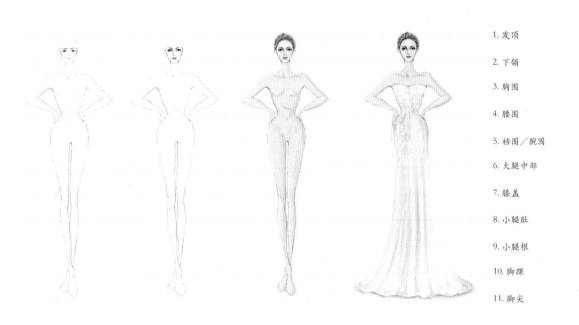

1. 发顶

2. 下颌

3. 胸围

4. 腰围

5. 裆围／腕围

6. 大腿中部

7. 膝盖

8. 小腿肚

9. 小腿根

10. 脚踝

11. 脚尖

图 2.2.1 九头身模特身体比例图

三、面部画法

面部的画法可以应用"三庭四眼"的公式来实现。通常人们熟知的面部比例划分是"三庭五眼"，即额头到眉间，眉间到鼻尖，鼻尖到下颌为三庭，而五眼的两个终点是到两侧发际线的位置。这样划分对初学绘画的人来说常常难以控制，所以在这个"三庭四眼"的公式中除去了耳朵和发际线的位置，纯粹从面部出发，将其分为 8 等份，每 2 等份即为一组眼睛的宽度，而眼睛的位置也正好处在二庭的三分之一处，这样在绘制的时候也更容易找准位置，绘制出符合现代人审美标准的美人脸。如图 2.3.1，图 2.3.2

四、婚纱常用廓形

· 蓬裙：蓬裙是古代欧洲贵妇穿着的裙子，里面一般有金属支撑或是用很多层内衬支撑起来的造型感极强的款型。

· 鱼尾裙：裙体呈鱼尾状的裙子。腰部、臀部及大腿中部呈合体造型，往下逐步放开，下摆展成鱼尾状。鱼尾开始展开的位置及鱼尾展开的大小根据个人需要而定。

· A 型裙：A 型裙是一种腰部贴身而裙边逐渐变宽的裙型，通常应用于简约的婚纱或者礼服的设计。如图 2.4.1

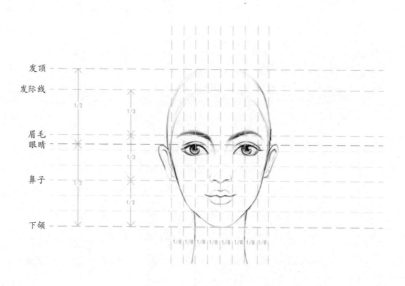

图 2.3.1 面部三庭四眼的比例划分

步骤一：先用铅笔起稿，按照三庭四眼的比例绘制面容。

步骤二：为眼窝和唇部上色，并添加腮红，营造好气色。

步骤三：先为皮肤上色，然后选择深一些的颜色为面庞的侧面添加阴影，营造立体感。

步骤四：为头发上色，注意区分颜色的明暗变化。

图 2.3.2 面部绘画步骤

2.4.1 婚纱常用廓形

第三章
不同面料的绘制方法

一、缎面

绘画要点：画缎面的重点是要表现出面料的光泽感和体积感，所以充分地利用明暗关系来营造前后的空间感和立体感，并用高光提白，非常利于表现缎面材质。

步骤一：铅笔起稿，将缎面的走势分层规划，每一组的线条要力求流畅自然，细节纹样越细致写实越好。

步骤二：为面料填充色彩画出明暗关系，增强立体感。

步骤三：选取面料的颜色，在原有的色彩基础上进行叠加，增强面料的厚重感和体积感。

步骤四：修饰纹样勾线部分的细节，加强明暗和阴影的对比。

步骤五：调整整体色彩，提白亮部，让面料和装饰纹样更加有立体感。

步骤五

步骤一   步骤二

步骤三   步骤四

二、网面

绘画要点: 网面材质的表现重点是透明度及其表面装饰,所以对模特肢体的表现不能忽视,造型、动态要准确,这直接影响画面美感。色彩的透明度要高,同时也要注意明暗色彩的过渡变化,对装饰的蕾丝等细节处要用小号画笔细细勾勒。

步骤一:铅笔起稿阶段。网面材质通常是比较薄透的,所以需要把礼服下的身体也画出来。

步骤二:简单为皮肤和礼服上色。色彩透明度要高,才能表现出透明感。

步骤三:在上一步的基础上加深底色。用较细的笔触勾画蕾丝轮廓和网布细节。

步骤四:进一步丰富色彩细节,加深明暗对比度,让暗部暗下去,亮部提亮。

步骤五:深入细化蕾丝,将网布的点匀称铺好。调整整体细节,提亮高光部分颜色。

步骤五

步骤一

步骤二

步骤三

步骤四

三、蕾丝

绘画要点：蕾丝面料刻画的难点在于既要表现出面料的柔软，又要刻画出纹样的精美，这需要极大的耐心和细致的工作态度。用柔美而肯定的线条可以描绘出面料的走向，对纹样的刻画需要沉下心来细细的勾勒，或者借助电脑绘制出几种主要的纹样，然后进行复制并安放在合理的位置上。

步骤一：铅笔起稿勾勒出婚纱的廓形。

步骤二：确定蕾丝纹样的形式，将其细致的勾画出来。如果是采用电脑绘制，可以新建图层绘制一个完整的蕾丝样式，然后采取复制图层的方法复制出多个蕾丝图案，将他们摆放在合理位置，注意远近大小的变化。

步骤三：为婚纱上色，确定基本的明暗关系。这件婚纱主要是粉色的裙身和白色的裙摆两种颜色。

步骤四：进一步加深明暗关系。白色的蕾丝裙摆在光下呈现深灰、浅灰、白色等色彩。裙身则有藕粉、粉色、浅粉色的明暗变化。

步骤五：进一步整体调整，提白亮部，加深暗部。

步骤五

步骤一

步骤二

步骤三

步骤四

四、欧根纱

绘画要点：欧根纱与普通的纱质面料有所不同，质感上相对来说更加硬挺一些，比较适合做挺括的造型。所以它所呈现的褶皱线条跟其他纱料相比是不一样的，也正是因此欧根纱的高光部分比较有特点，呈现细长的形态。

步骤一：铅笔起稿勾勒出婚纱的廓形，线条运用要挺直有力。

步骤二：为婚纱简单上色，区分出大体的明暗面，色彩呈现半透明状态。

步骤三：在裙面上勾勒纹样的轮廓。

步骤四：丰富色彩的明暗层次，刻画细节，让面料花纹更加立体。

步骤五：深入绘制细节，整体调整阶段。提亮面料褶皱处的高光部分，注意欧根纱的高光比较细长。

步骤五

步骤一

步骤二

步骤三

步骤四

五、印花面料

绘画要点：印花面料的重点是对印花图案的刻画，因为图案附着在面料之上，首先要画好面料的立体感和明暗转折变化。在此基础上，多层上色描绘印花图案的明暗细节，注意图案随形体变化而产生的变形，会增加真实感。

步骤一：铅笔起稿，注意线条的虚实变化。

步骤二：初步上色，用色彩将明暗关系表现出来。因为面料和礼服结构的关系，可以将暗部重点强调一下。

步骤三：手绘礼服上的印花图案，勾勒出大体的形状即可。

步骤四：加深颜色和明暗对比，为印花部分增加细节。

步骤五：整体加深明暗色彩，完善印花细节。在原有的印花基础上，用亮一些的颜色来描画受光面的印花图案，注意图案的颜色会随着光影变化而有所不同。并为面料画上高光。

步骤五

步骤一

步骤二

步骤三

步骤四

六、羽毛

绘画要点：羽毛材质轻盈飘逸，刻画这类面料材质时要注意勾勒羽毛线条的走向，可以表现其轻飘的状态。然后用色彩的明暗变化表现其整体的层次感。

步骤一：铅笔起稿，勾画出裙型和羽毛线条。

步骤二：为裙子铺上底色，确定基本的明暗关系。然后用深褐色为暗部的羽毛上色。

步骤三：进一步加强明暗对比，让裙子更具立体感。

步骤四：用白色勾画亮部的羽毛，丰富羽毛部分的层次感。

步骤五：整体最后调整阶段。加深阴影处的颜色，提白高光亮部。

步骤五

步骤一

步骤二

步骤三

步骤四

七、雪纺

绘画要点： 雪纺面料的特点是通透、柔顺、垂坠，通透可以用若隐若现的形体来衬托，柔顺和垂坠则需要用线条来表现刻画。画雪纺面料的线条要柔和，随形而动。

步骤一：铅笔起稿勾形，雪纺部分的线条要柔和自然，不能太挺直。

步骤二：为面料铺上底色。皮肤的部分要凸显出来，这样才能表现出雪纺面料的通透质感。

步骤三：确定面料的明暗关系，暗部加深，亮部留白。

步骤四：进一步加强明暗对比，并用白色来提亮面料的亮部。

步骤五：整体修饰、提白。面料随形体呈现的柔美线条能体现雪纺的柔顺垂坠质感，为这个部分增加高光线条，可以增强雪纺的通透感。

步骤五

步骤一

步骤二

步骤三

步骤四

第四章
婚纱礼服插画绘制步骤分解教程

案例 1 　黑色蕾丝礼服

步骤一：
铅笔起稿，并大体铺上简单的色彩。

步骤二：
将皮肤的明暗关系画出来，提亮亮部，加深礼服暗
部的阴影。

步骤三：
进一步加强调整明暗关系，塑造立体感。

步骤四：
开始绘制礼服上的图案纹样。因为之前已经处理好
明暗关系，所以这一步的纹样只要平涂，就可以呈
现立体的明暗变化。

步骤五：
加大纹样的绘制面积，同时细化面部、肢体等部位。

步骤六：
再次加深纹样部分色彩，增强层次感。

步骤七：
整体调整阶段，在面料上提白，点缀装饰效果。

案例 2　　缎面蕾丝婚纱

步骤二：
将铅笔稿转换成裸色，这是因为裸色线稿相较于黑
色而言更加自然，方便后期深入加工描绘。可以使
用接近肤色的勾线笔描绘，或者借助电脑软件转换
线稿色彩。然后为皮肤及头发铺上一层底色。

步骤一：
使用铅笔起稿，画靠前的裙面时线条要肯定、有力；
画相对靠后的部分时，线条可以柔和一些。注意描
绘纹样的位置，它们被裙摆的线条切割成了多个面。

步骤四:
加深皮肤和裙身的暗部,增强明暗对比。

步骤三:
为裙子简单上色,确定基本的明暗关系。

步骤六：
细致刻画裙身花纹，提白亮处花纹的同时继续加深阴影部分的色彩。

步骤五：
细化面部妆容、头发和配饰，调整肢体的明暗关系。

步骤七：
最后的整体调整阶段，皮肤和裙身的亮面可以再亮一些，
个别高光位置提白，能体现面料的光泽感。

案例3 缎面立体蕾丝贴花婚纱

步骤二：
将铅笔稿调整为裸色，并为皮肤铺上底色。

步骤一：
铅笔起稿，准确描绘形体并勾勒花纹图案。坚实有
力的线条有助于表现婚纱的廓形。

步骤四：
继续加深明暗对比，要表现出白色、浅灰色、深灰色的过渡。

步骤三：
白色婚纱会在光影下呈现出白色、浅灰色、深灰色的层次变化，在这一步先用浅灰色绘出第一层明暗关系。

步骤六：
深入刻画裙身花纹装饰。用白色提亮花朵纹样细节，继续加强明暗对比，营造体积感。

步骤五：
深入刻画面部妆容、头发和配饰。在眼窝、被头发遮挡的耳部、锁骨暗部加深肤色；在额头、鼻子、锁骨高光点提亮肤色。对头发和配饰的明暗部位进一步加强区分。用浅灰色大笔触描绘头纱。

步骤七：
整体调整一下明暗关系，刻画头纱细节。

案例4 欧根纱鸵鸟毛礼服

步骤二：
将线条颜色绘制成裸色，为皮肤铺上一层底色。

步骤一：
铅笔起稿勾勒廓形。画羽毛时要注意下笔的力度和线条
的走向，才能表现出羽毛轻飘的状态。

步骤四：
进一步加强裙身的明暗关系对比，区分亮部、过渡区和
暗部色彩。

步骤三：
为裙身上色，在亮部高光处留白。

步骤六：
整体进一步深入刻画。让暗部更暗一些，如眼窝、耳朵、头发的暗面、有投影的位置、裙子的褶皱部位等；让亮部更亮一些，如面部的高点、额头、鼻子、锁骨、面料的高光反射处。

步骤五：
刻画上身细节，增加高光可以表现上身的透明纱质面料。并为腕部的装饰羽毛上色，用色彩的深浅对比营造体积感。

步骤七：
对羽毛进行细致刻画，将上层的羽毛提白。最后在需要
的部位用高光装饰点缀。

案例5　缎面蕾丝贴花婚纱

步骤二：
将铅笔稿转换成裸色，为皮肤铺上底色。

步骤一：
铅笔起稿，准确描绘形体及婚纱图案纹样。准确的草稿
是完成精美插画的基础。

步骤四：
加强明暗关系对比，为暗部上色，营造立体感。提亮皮
肤有光的部分。

步骤三：
区分婚纱的亮部、过渡区和暗部，将亮部留白，为过渡区上色。

步骤六：
深入刻画纹样细节，亮部提白，暗部加阴影。

步骤五：
进一步细化。通过对明暗光影的调整让面部、头饰、裙
子更加立体一些。

步骤七：
最后的整体修饰调整阶段，对头发、头纱、面部妆容、
高光进行最后的细节调整。

案例6　纱质蕾丝婚纱

步骤二：
将铅笔稿转换成裸色线条，为皮肤及头发铺上底色。需要注意的是覆盖在纱下的肤色要比裸露的肤色浅一些。

步骤一：
铅笔起稿阶段，精美的纹样是这件婚纱的重点，需要耐心细致的描绘。

步骤四：
继续调整明暗关系，提亮亮部，加深暗部，让整件婚纱
有立体感。为面部和头发的暗部画上阴影。

步骤三：
为裙身上色，并描绘出大致的阴影部分。

步骤六：
增加色彩的过渡细节，呈现更强的立体感。

步骤五：
刻画细节部分，将蕾丝部分提白。面部妆容进一步深入，
将亮部提亮。

步骤七：
观察面料反光的部分，在画面上对这些区域进行高光提
白点缀。

案例 7　　缎面蕾丝婚纱

步骤二：
将铅笔稿转换成裸色，为皮肤、头发铺上底色，唇部只
要用红色稍微点缀一下即可。

步骤一：
铅笔起稿阶段，复杂的配饰和婚纱上的装饰花纹是这件
婚纱的精彩之处也是绘画的难点和重点。起稿要准确，
并描绘出前后关系，线条运用上要遵循近实远虚的原则
加以区分。

步骤四：
进一步加深明暗对比，让亮部更亮，如面部、皮肤、婚纱的高光处；让暗部更暗，如皮肤、婚纱上的投影处。注意不能丢掉暗部的细节，色彩的渐次变化、花纹都要细致的描绘。

步骤三：
为婚纱上色，将皮肤和裙身部分的明暗阴影关系画出来，区分亮部、过渡区和暗部。

步骤六：

为配饰上色。配饰的线稿虽然看起来很繁杂，其实主要是对立面和光泽的塑造表现。分清高光区、中间过渡区和暗部，这三个区域都有自己对应的色彩，据此整体上色再细节刻画调整，就容易得多了。

步骤五：

细化面部妆容和裙身的花纹，将花纹提白。

步骤七：
最后调整加深婚纱阴影部分的细节，让整件衣服的明暗
层次更加丰富。

案例8 蕾丝蓬裙婚纱

步骤二：
将线稿调整成裸色，为皮肤上色。

步骤一：
手绘线稿，注意线条对面料材质和前后关系的表现。裙
摆的面料是挺括型的，线条要坚实有力，头纱的质感很
柔软，线条也要轻柔。

步骤四：
加深第一层的阴影部分，如裙摆的几条大褶处和模特身体的侧面。人体可以被理解成一个圆柱形，接受光照射的一侧是亮部，接下来是中间过渡区，没有光源照射、被挡住的是暗部。在过渡区和暗部的交界处用深一点的颜色来画阴影。

步骤三：
为头纱、婚纱整体上色，留出高光区为明暗关系做准备。

步骤六：
细致刻画婚纱上的立体花朵装饰。先加深花朵的阴影部
分，然后提亮花朵的高光部分。

步骤五：
进一步加深皮肤和婚纱的阴影部分，塑造立体感。

步骤七：
刻画细节，增强明暗对比，丰富裙摆色彩的过渡变化。
为头纱加上高光线条以表现其透明质地，最后调整完成。

案例 9　　复合蕾丝婚纱

步骤二：
将铅笔稿转换成裸色，为皮肤上色。

步骤一：
铅笔起稿，勾画纹样，注意线条的虚实和走向。

步骤四：
进一步上色加深。调整加深暗部颜色，呈现亮部、过渡区、暗部的立体渐变效果。

步骤三：
初步上色。确定婚纱的阴影区域，高光部分留白。

步骤六：
加深头纱和裙摆褶皱处的阴影，将装饰蕾丝的亮部用白色勾出来。

步骤五：
加强处理明暗关系，让画面更具立体感。加深面部妆容、头冠以及纱衣在皮肤上投影的暗部细节。

步骤七：
细致描画暗部的阴影变化，完成整体的提白，让画面对
比强烈，富有层次感。

案例 10　　鱼尾蕾丝婚纱

步骤二：

描绘婚纱和头纱上的花朵蕾丝纹样。可以选择手绘，也可以借助电脑在步骤一的基础上，新建花朵纹样的图层，然后多次复制并安放在合理的位置上。因为头纱是透明的，所以有些位置上的纹样是重叠的，画的时候需要通过线的虚实轻重来拉开前后的层次关系。要有耐心，不要画乱了。

步骤一：

铅笔起稿，画好整体廓形和面部。这件婚纱上有非常繁多的花朵蕾丝图案，预先起稿画好花朵的样式。

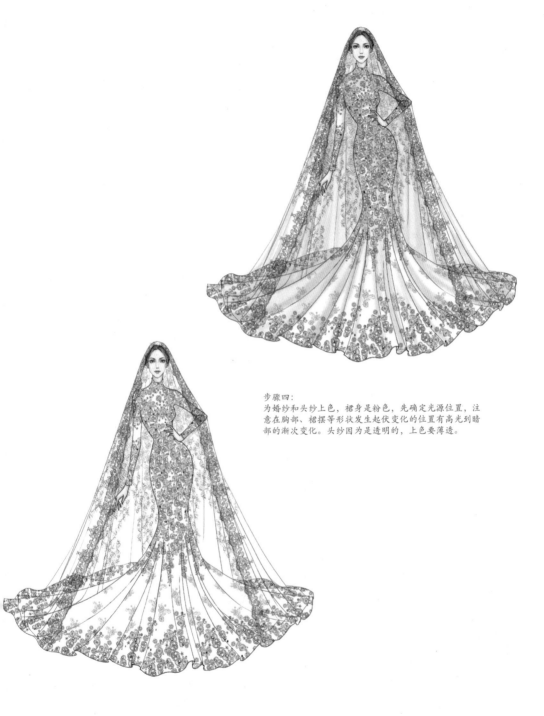

步骤四：
为婚纱和头纱上色，裙身是粉色，先确定光源位置，注意在胸部、裙摆等形状发生起伏变化的位置有高光到暗部的渐次变化。头纱因为是透明的，上色要薄透。

步骤三：
为头部和手部上色。先平铺一层底色，再加深暗部颜色，让头发、五官和手变得立体起来。

步骤六：
为婚纱和头纱上的白色蕾丝上色，整体提亮画面的高光处。

步骤五：
继续上一步的描绘，加深上述部位的暗部颜色，增强立体感。

步骤七：
最后的调整阶段，借助软件调整画面色彩，使色彩偏暖一些，
丰富头纱的细节，增加画面的层次感。

案例 11　花卉蕾丝婚纱

步骤二：
刻画纹样和装饰部分。之前介绍过，对繁复、量大的花
纹图案通过借助电脑软件复制花纹，可以减少工作量。
注意纹样的大小变化和位置安排。

步骤一：
铅笔起稿，画好整体廓形和面部。

步骤四：
为婚纱上色，区分基本的明暗关系。为皮肤和头发增加
暗部和高光，使其变得立体。

步骤三：
为皮肤和头发部分初步上色，平铺即可。

步骤六：
继续加深头纱的暗部色彩，提白婚纱的花纹装饰细节。

步骤五：
进一步上色加强明暗关系对比，让画面更有层次感。简
单为头纱上色，主要画出暗部的色彩即可。

步骤七：
整体调整阶段。将头纱的高光部分提白以表现其通透感。
高级定制婚纱一般由于颜色单一，会在裙身大面积添加
手工装饰，如水晶、装饰钻石、珍珠、亮片等来凸显婚
纱的高贵及奢华闪烁的效果，所以绘图时可以在最后一
步提亮装饰部分的闪烁高光，为婚纱增加闪光特效。

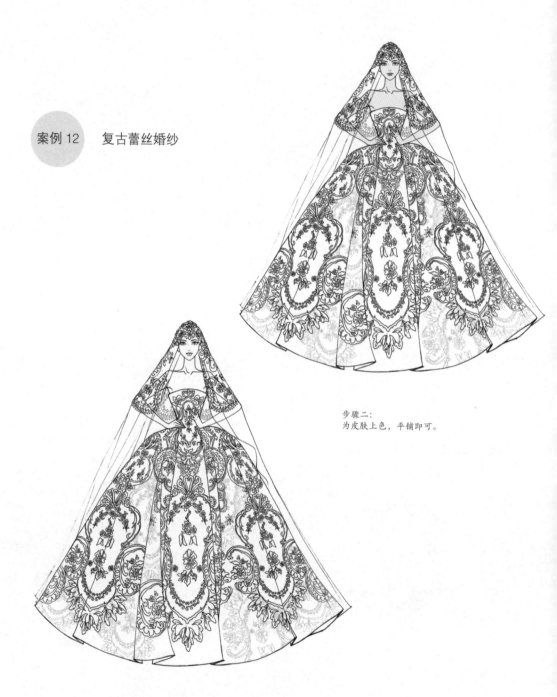

案例 12　复古蕾丝婚纱

步骤二：
为皮肤上色，平铺即可。

步骤一：
用铅笔起草廓形，用针管笔刻画细节纹样。针对不同的
面料材质，纹样的画法有所不同。如果是厚重面料和纹理，
可以用粗一点的针管笔勾勒纹样。如果是纱料等细腻材
质，则用较细的针管笔勾形。在草稿阶段，就应该对面
料材质特点加以区分。

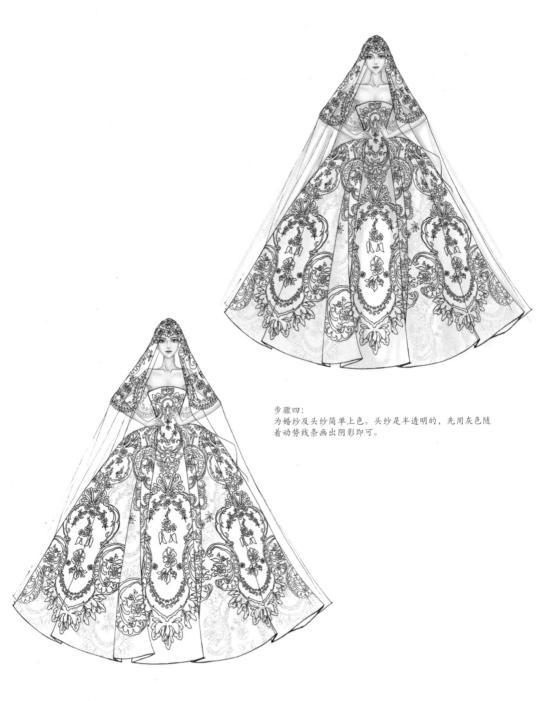

步骤四：
为婚纱及头纱简单上色。头纱是半透明的，先用灰色随着动势线条画出阴影即可。

步骤三：
为面部及皮肤画上阴影，使其变得立体。

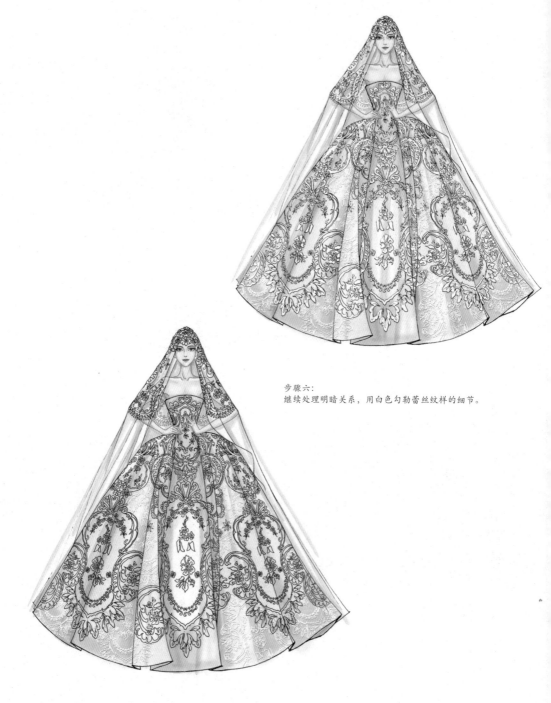

步骤六：
继续处理明暗关系，用白色勾勒蕾丝纹样的细节。

步骤五：
为画面增加暗部细节，刻画裙摆的阴影部分，塑造体积感，
注意颜色由暗到明的过渡变化。

步骤七：
整体调整阶段。将高光部分提白，借助软件调整婚纱色调，
丰富头纱的层次，为头纱上的装饰增加闪亮效果。

案例 13　欧根纱印花礼服

步骤二：
初步为皮肤和礼服上色，确定色彩基调。

步骤一：
铅笔起稿，勾勒轮廓。

步骤四：
勾勒印花图案，无须细画印花形态，确定色块和位置即可。

步骤三：
进一步深入上色，区分色彩的明暗面，画面就会立体起来。

步骤六：
详细绘制印花图案的细节，增加深红的花心、白色的叶子和深绿色的枝茎。

步骤五：
进一步加强画面整体的明暗关系对比，让暗部暗下去。

步骤七：
加强整体的明暗对比，调整细节，将受光面提亮并画上
欧根纱特有的细长高光。

案例 14　鱼丝网蕾丝礼服

步骤二：
为皮肤和面料部分先铺一层薄薄的底色，特定位置的颜
色要深一些。

步骤一：
铅笔起稿。这件礼服裙摆的廓形挺直，因此草稿的线条
应该也是挺直有力的。

步骤四：
初步描绘礼服上的纹样，不需要很细致，然后在裙摆上稍微点缀一点黄色。

步骤三：
塑造立体感，绘制面部、头发及礼服的暗部，让画面变得立体。

步骤六：
加深面部阴影，为礼服加上土黄色的点缀装饰，注意大小、
位置的变化。

步骤五：
加深面料的颜色，但要保持面料透明的部分能看见皮肤的
颜色。继续深入纹样细节，加大裙摆的阴影面积。

步骤七：
深入绘制细节，包括面部、头饰、头发以及前后层的面料
堆叠在一起形成的色彩深浅变化。最后为礼服增加高光。

第五章
经典婚纱插画作品细节分析

案例 1　平纹蕾丝细节

配饰：
插画师在绘制插画作品时，如果能清晰的刻画配饰细节
会让整幅作品的质感增色不少。提前用铅笔勾勒出配饰
的位置，细致到每一颗珍珠，然后找出它的明暗关系，
最终回归到整体的明暗大面上，让整个配饰部分看起来
有立体感，从而提升整幅作品的品质。

花样纹理：
和配饰有所不同，花样纹理是面料本身自带的图案。也就
是说，这个部分的立体感是不需要那么突出、那么明显的，
所以在画纹理的时候，不需要像配饰一样把阴影部分画的
那么重，但是为了体现空间感，可以用深一点的颜色勾勒
暗部的花纹，让花纹的色彩随着身体的弧度而有所变化。

案例2　　刺绣蕾丝细节

图案设计:
画图案纹样的时候需要耐心和细致,花朵彼此之间的大小比例和位置排列要自然,符合美学规律,这样画面整体才有层次感、空间感。上色时要注意花纹会随着面料或者形体的明暗变化而产生颜色深浅的变化。

面料质感:
对于面料质感的表达,需要有亮面、中间灰色过渡区域和暗部这样的层次表现,可以很好地将面料的每一个褶皱描绘出来,让起伏的褶皱之间形成厚度和层次的对比,所以绘画的时候一定要注意色彩过渡和层次表现。

案例 3　车骨蕾丝细节

面料细节：
这部分面料需要分层、分块来画，特别是蕾丝的部分。
此处的面料分为上下两层，先为下层的蕾丝上色，略
加阴影。然后再绘制上层的蕾丝，手感和层次厚重的
蕾丝相比薄蕾丝而言，阴影部分的颜色要重一些，这
样才能拉开蕾丝的厚度和空间感。花纹也要提前起好
大稿，然后再一点一点地深入刻画细节。

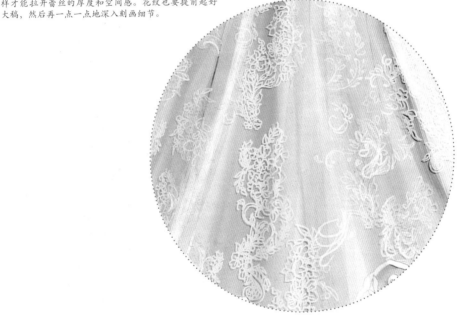

质感层次：
一般设计婚纱时会在网纱上铺制片状蕾丝，或者选用整幅
的蕾丝，这样婚纱的效果会更加仙美。手绘的时候，最上
层的网纱上的蕾丝如果比较轻薄，可以不用勾边，直接用
颜色带过，然后在相应的位置加上阴影和高光就可以表现
出层次感和前后的空间关系。

刺绣蕾丝细节

挺括造型：

不同质感的面料，有着不一样的线条表现。比如柔软的面料在线条上会出现很多折角或转折；而硬挺的面料，通常都是一线到底。因此，要表现面料的挺括质感，画线条的时候就要非常的肯定和浓厚，尽量避免裙摆的折角出现。基本上挺括面料的线条从腰部到裙摆都会非常的笔直，越挺括的面料线条越要流畅和挺实，这样才能表现面料的那种坚挺和厚重的感觉。

注释1：二方连续纹样是指一个单位纹样向上下或左右两个方向反复连续循环排列，产生优美的、富有节奏感和韵律的横式或纵式的带状纹样，亦称花边纹样。

注释2：四方连续是由一个纹样或几个纹样组成一个单位，向四周重复连续和延伸扩展而成的图案形式。

图案纹理：

如果是二方连续①或者四方连续②的图案就比较容易处理了，只要保持同等比例大小，把每个图案绘制出来，注意光影的变化。处理手法同样是勾线加阴影，略微有立体感即可。如果面料非常厚重，阴影部分也需要非常的浓重。

案例 5 流线蕾丝细节

妆容配饰：
先将妆面画好，结婚的新娘基本以甜美柔和的妆容为主，
让嘴角微微翘起，增加幸福感。头饰和耳饰部分，需要
像纹样一样起稿，最后上色的时候采用立体上色，也就
是高光、阴影、深色的过渡要明显，突出首饰的质感，
需要特别细致的完成。

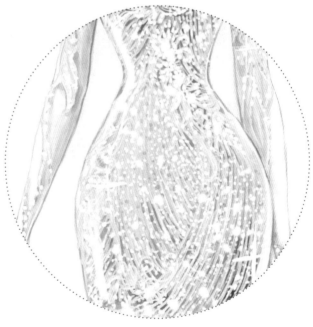

光泽感：
光泽感对于婚纱礼服尤为重要，首先底色要重，才能凸
显最后的白色高光部分。如果面料高光比较多，之前的
留白就要少，这样才能对比出整件衣服的光泽感。高光
部分要注意的细节是受光面比背光面的提白要多，但是
高光部分要大小不一才能将层次感凸显出来。

案例 6　网面蕾丝细节

配饰头纱：·

描绘头纱的难点在于既要有形，又不能影响模特面容视觉效果，用灰色表现暗部，用白色高光表现亮部，可以营造出前后的空间感，而且看起来非常通透。闪亮的头饰是这幅插画的一个点睛之处，让整个作品看起来更美、更完整。

材质表现：

对面料、材质的表现和刻画非常细致，利用光影、纹理、明暗表现出缎面的质感和体量，头纱的轻透和羽毛的飘浮感都表现得淋漓尽致。

第六章

精彩插画作品欣赏

Zuhair Murad 2018 春夏婚纱

Zuhair Murad 2018 秋冬婚纱

Zuhair Murad 2015秋冬高级定制婚纱

Zuhair Murad 2015 春夏高级定制婚纱

Zuhair Murad 2014 春夏高级定制婚纱

Zuhair Murad 2018 秋冬婚纱

Zuhair Murad 2017 秋冬婚纱

Zuhair Murad 2014 秋冬婚纱

Zuhair Murad 2016 春夏婚纱

Zuhair Murad 2017 春夏婚纱

Zuhair Murad 2017 秋冬婚纱

Michael Cinco 2017 春夏高级定制婚纱

Vera Wang 2018秋冬婚纱

Zuhair Murad 2017 春夏婚纱

Zuhair Murad 2017 秋冬高级定制婚纱

人鱼传说——钟丽缇定制婚纱

奢华粉红婚纱

Costarellos 2018 春夏婚纱

Ziad Nakad 2017 秋冬高级定制婚纱

Ziad Nakad 2017 秋冬高级定制婚纱

Georges Hobeika 2014—2015 秋冬高级定制婚纱

George Hobeika 2017 春夏高级定制婚纱

Michael Cinco 2017 秋冬婚纱

Reem Acra 2018 春夏婚纱

Oksana Mukha 2018 婚纱

Krikor Jabotian 2018 春季婚纱

Elie Saab 2013 春夏高级定制婚纱

Elie Saab 2015 秋冬高级定制婚纱

Elie Saab 2013秋冬高级定制婚纱

Elie Saab 2017 秋冬高级定制婚纱

缎面立体蕾丝贴花婚纱

Elie Saab 2014 秋季高级定制婚纱

Krikor Jabotian 2018 秋冬婚纱

Paolo Sebastian 2016-2017 秋冬高级定制婚纱

Ashi Studio 2017 秋冬高级定制婚纱

Ashi Studio 2017 秋冬高级定制婚纱

Ashi Studio 2017 秋冬高级定制婚纱

Ashi Studio 为时尚博主卡米拉·卡雷尔定制的婚纱

Ralph & Russo 2014 秋冬高级定制婚纱

Ralph & Russo 2016 春夏高级定制婚纱

Ralph & Russo 2017 秋季高级定制婚纱

Ralph & Russo 2015-2016 秋冬高级定制婚纱

Milva 2017 婚纱·日出系列

Milla Nova 2017 婚纱

Milla Nova 2017 婚纱

Milla Nova 2017 婚纱

Milla Nova 2017 婚纱

Milla Nova 2017 婚纱

Crystal Design 2017 婚纱

Crystal Design 2017 婚纱

Crystal Design 2017 婚纱

Crystal Design 2017 婚纱

Lior Charchy 2017 春夏婚纱

Naeem Khan 2018 春夏婚纱

Ziad Nakad 2017 秋冬高级定制

Ziad Nakad 2017 初夏系列

Zuhair Murad 2018 度假系列

Zuhair Murad 2016 春夏高级定制

Zuhair Murad 2016 早秋系列

Zuhair Murad 2016 秋冬高级定制

Zuhair Murad 2017 秋冬高级定制

黑色蕾丝礼服

Elie Saab 2018 春夏成衣系列

Elie Saab 2017 春夏高级定制

Dany Atrache 2017 秋冬巴黎高级定制

Elie Saab 2017 秋冬高级定制

Michael Cinco 2017 春夏系列

Michael Cinco 2017 秋冬迪拜时装发布会

Zuhair Murad 2016 秋冬高级定制

Zuhair Murad 2016 秋冬高级定制

佳冉工作室&祎祎联合设计

佳冉工作室 & 祎祎联合设计

佳冉工作室＆袆袆联合设计

佳冉工作室＆祎祎联合设计

Alexander McQueen 2017 早秋系列

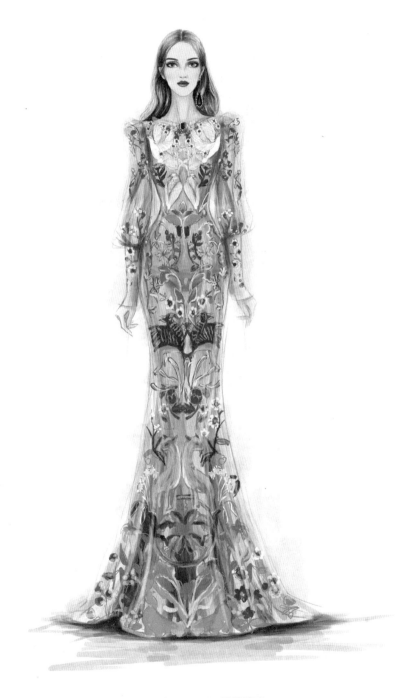

Alexander McQueen 2017 早秋系列

Alexander McQueen 2017 度假系列

Alexander McQueen 2017 早秋系列

Darius 长袖舞会晚礼服

Elie Saab 2015-2016 高级定制

《Fashion Shift》杂志 2015 年秋季刊

《Vogue》杂志台湾版 9 月刊

Ashi Studio 2017 秋冬高级定制

Ashi Studio 2016-2017 秋冬高级定制

Zuhair Murad 2016 春夏巴黎高级定制

Elie Saab 2017 春夏高级定制

Georges Hobeika 2016 秋冬高级定制

Georges Hobeika 2016秋冬高级定制

茧迹原创定制礼服 2017

Gucci 2016-2017 秋冬女装

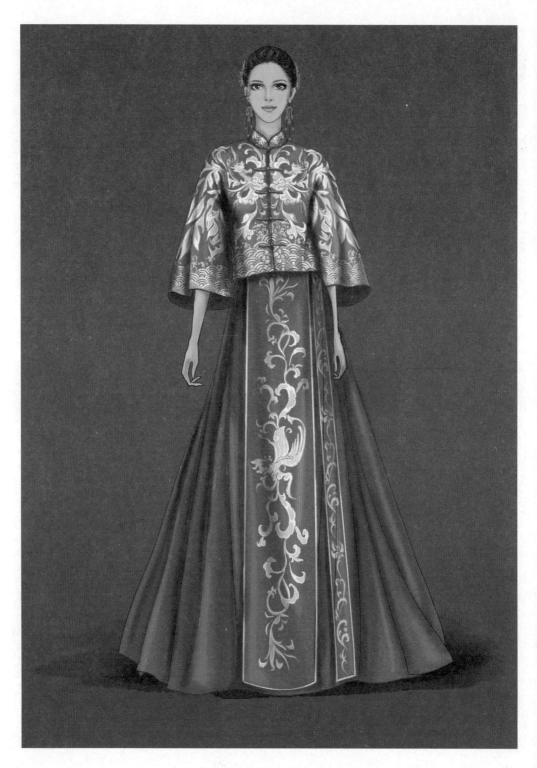

月白中式嫁衣高级定制 2017

月白中式嫁衣高级定制 2017

月白中式嫁衣高级定制 2017

月白中式嫁衣高级定制 2017

茧迹原创定制中式婚服 2017

茧迹原创定制中式婚服 2017

玉花缠枝

白花窥帘

人面桃花

斑枝花俏

金枝红蕊

露珠百合

彩色宝石发箍

珍珠花篱冠

钻石发箍

铂金花饰珠宝

铂金发箍

钻石皇冠

隋宜达帽饰设计

隋宜达帽饰设计

Elie Saab 2014-2015秋冬手包

Elie Saab 2015秋季高级定制手饰

婚鞋

Ralph & Russo 高跟鞋

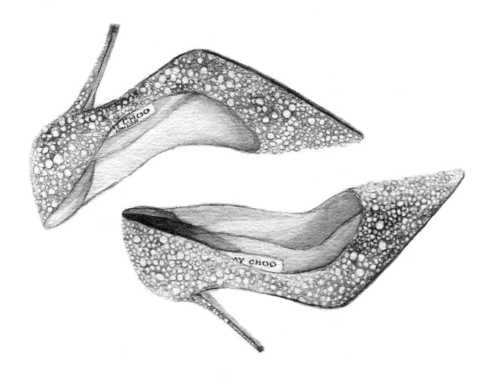

Jimmy Choo 高跟鞋

蕾丝镂空靴

Jimmy Choo 高跟鞋

Bella Belle 婚鞋

后记

说到服装设计，大家更多是联想到绚丽的 T 台发布会，而很少能看到这些设计最初被记录的样子——设计手绘稿。手绘是设计师们必备的技能，是记录和表达设计灵感的重要手段，手绘稿风格因人而异，各有千秋，很多设计手绘稿本身就是艺术品，让人爱不释手。另一方面，手绘稿让人更加清晰的了解产品，让消费者被服装不同维度的美打动，这是手绘稿的现实意义。

我在国内从事婚纱礼服定制十年有余，经历了从最初客户只看产品不看设计，到如今客户定制婚纱礼服时必须先看设计图，甚至自己提出创意的发展过程。国内婚纱礼服消费者对产品和设计的要求在不断提高，而国内婚纱礼服品牌的发展却相对滞后，这个现象真实反映了人们日益增长的美好生活需求和行业发展不足之间的矛盾。本书稿件素材等内容准备历时一年，但其中包含了我十年来的从业经验，我希望此书能够对婚纱礼服从业者、婚纱设计爱好者有所助益，能够为国内婚纱礼服行业发展尽绵薄之力，与大家共同促进行业发展。

最后，感谢宫妮老师对我的鼓励，感谢支持我辛苦工作的廖红、葛星、王悦、何梦同学，以及所有参与此书出版的工作人员，也十分感谢出版社的编辑王丽颖及其之后的排版、翻译等同志，大家各司其职通力协作，才有了此书的精彩呈现。